化石侦探3
传说中的蛇颈龙

〔日〕高士与市◎著
〔日〕吉川丰◎绘
〔日〕木村由莉◎审订
王　焱◎译

北京科学技术出版社
100层童书馆

序 言

小朋友，你好！我猜你肯定很喜欢恐龙吧。我当然也一样。话说，你知道"化石猎人"吗？

化石往往沉睡在古老的地层中，而化石猎人就是寻找并发掘化石的人。在广袤的地球上，寻找和发掘出埋藏在地下的化石绝不是一件简单的事。宽广的知识面、丰富的知识储备、敏锐的洞察力、永不放弃的决心、不怕失败的勇气……只有拥有这些品质，才有可能成为一名优秀的化石猎人。这套书以漫画的形式讲述了化石猎人的传奇冒险故事。

自从小学时在学校的图书室遇到了这套书，我就成了这套书的忠实读者。我很惊讶，在我们生活的这片土地上，竟然出土过这么多化石。我暗暗地想："有一天，我也要亲手发掘化石！"

现在我已经是一名古生物学者，重新回看这套书，我惊讶地发现书中的信息竟然如此准确。这套书的一大魅力，就是将漫画的趣味性和知识的科学性很好地结合到一起。

　　当我还是一名小读者时，书里还有许多未解之谜。如今，经过许多专业人士的努力，很多谜团已经被解开。这次再版，书中也加上了这些新知识。能够为自己喜欢的书再版尽一份力，我感到非常开心。

　　相信我，这套书非常有趣。接下来，跟随化石猎人开始一场冒险之旅吧！

日本国立科学博物馆

木村由莉

一起成为化石侦探吧！

恐龙迷裕树和姐姐由美在国立科学博物馆偶然间遇到了古生物学家古井博士。

古井博士对他们说："恐龙化石就像一本知识大百科全书。我们现在所了解到的恐龙的样子、体型、食性等知识，都是通过研究恐龙化石得来的。"听完，两人对化石的兴趣更加浓厚了。

就这样，姐弟俩和古井博士一起变身为化石侦探！他们以

▲▶博士精彩的解说令两人对古生物学深深着迷。

▲三人变身为化石侦探的场景：他们身着英国绅士风的衣服，很有名侦探的风采呢！

化石上的蛛丝马迹为线索，一一揭开了远古生物的神秘面纱。

在本册书中，裕树、由美将和丸山博士一起聆听化石发掘背后的故事，尝试自己发掘化石，并通过推理，解开日本地区发掘的古生物化石的谜团。请你跟随他们，开动脑筋，解开谜团吧！

◀挑战未解之谜！（见《化石侦探.1：神秘的恐龙墓地》的第95页）

出场人物介绍

古井博士

知识渊博、经验丰富的古生物学家。会通过提问的方式引导大家思考。

山口叶子

裕树学校的老师，有点儿冒失，对化石很感兴趣。

若松裕树

非常喜欢恐龙的少年，有一点儿任性。

若松由美

裕树的姐姐，擅长夸奖人，性格沉稳。

丸山浩二

古井博士的助手，古生物学界的新人，很努力，但不太稳重。

木村博士

从小就是恐龙迷，现在是年轻有为的古生物学家。

木村博士会在这些地方出现，为我们补充最新的知识。

与本页相关的小知识会出现在页面的最下方。

这一栏会介绍有关化石和恐龙的最新知识。

目 录

1. 寻找蛇颈龙

很帅吧？这是我爸在商场给我买的！

这是什么？

太酷了吧！

这是什么化石？

嗯？

啊……好像是叫菊花什么的。

哈哈哈……

有、有什么好笑的，裕树！！

不是菊花什么的，是菊石。

菊石出现在古生代的志留纪。大概在中生代的白垩纪末期和恐龙一起灭绝了。

3

裕树好厉害啊!

知道得好详细。

没、没有啦,知道一点儿。

可恶……居然抢我的风头!

同学们,看过来!我家还有很多更厉害的化石!!

真的吗?好想看!

太好了,我也想看看化石。

裕树不准来。

去去!

啊?

为什么啊,智和!凭什么就我不能看!

哼!

你对化石这么了解，手头总得有一两块化石吧？

不、会、吧！你该不会没有化石吧！

你这家伙……

好大的脸！

没有……

我……我没有。

啊？听不清你说什么呢。

我没有化石！！

什么啊，亏你还说得头头是道。

叽叽喳喳

那就给你看一看我那价值连城的化石吧！

……

5

裕树同学！

啊，山口老师。

咦？采集化石？！

在日本也能找到化石吗？

那当然了。

城市里虽然少见，但在有裸露的地层和岩石的山间很容易找到化石。

你也想要一块真正的化石吧？

嗯！想要！

那么，这周日我们就进行野外学习——采集化石！

哇——
太棒啦！

啊，
对了！

老师，我姐姐也可以一起去吗？

可以呀，人多比较热闹。

另外，我还有一件很重要的事情想问。

什么？

零食可以带多少啊？

?!

又不是去春游!!

好期待啊，裕树！

今天可不是去春游。

我知道啦！

啊！

姐姐，你快看那边！

真是的！

大家都出去玩！

只有我孤零零地去采集化石。

有没有人愿意和我一起去采集化石啊……

丸山先生！

唉！

啊，难道真有人……

您是要去野餐吗？

晕！

不是，我是去采集化石！

咦？您也要去？

啊！这么说，你们也是？

太好啦，有博士在我就放心了。

好歹是古生物学者嘛！

等下，我又没说要和你们一起去！

您不打算跟我们一起吗？

抱歉，采集化石可不是小孩的游戏！

感觉他今天心情不太好。

嗯。

身为研究人员，我没空陪你们玩。

不好意思，我迟到了——

11

呼哧!
呼哧!

睡过头了……

裕树的姐姐?你好,我姓山口。

老师,您好,我弟弟给您添麻烦了。

难道这位女士也要去采集化石?

是啊,她是我的班主任,带我们去野外学习。

呵呵呵,这样啊。

呜———

特 快
秩父号

 去采集化石和石头前，记得让大人帮忙确认一下目的地能否进行采集，并提前取得许可哟。现在也有一些地方可以体验化石采集，上网查查看吧！

13

听说化石经常出现在有裸露的地层的山崖附近。

那先找到地层比较好吧？

我也这么觉得。

嗯……地层吗……

哇啊!!

你们知道化石是怎么形成的吗？

我们当然知道！

在沙子和泥土的挤压下，动物骨骼周围的矿物质渗透到骨头的缝隙中，使骨骼变硬。

此后，随着上方的地层不断叠加，骨骼受到挤压，逐渐成为化石。

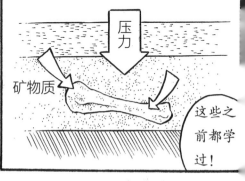

压力

矿物质

这些之前都学过！

也就是说，生物遗骸经过长时间的石化，会变得很坚硬，对吧？

对呀！

那化石难道不应该出现在坚硬的地层中吗？

小贴士 裕树和由美在本系列的第一册《化石侦探.1：神秘的恐龙墓地》中学习了化石是如何形成的，你可以翻开第一册回顾一下。

啊！

有道理！

这个地层由柔软的沙子和泥土构成，应该是刚形成不久的新生代（第四纪）的地层。

啪！

……

凿

这样的地层里或许有人类祖先留下的石器和土器，但想找到远古时代的生物化石，恐怕很难。

……

我、我对古人的生活也很感兴趣。啊哈哈哈……

17

哇

想采集什么化石，就去寻找什么年代的地层。

如果要采集古生物的化石，就必须找到远古时代的地层。

新生代	第四纪	
		—约250万年前
	新近纪	
		—约2300万年前
	古近纪	
		—约6600万年前
中生代	白垩纪	
	侏罗纪	
	三叠纪	
		—约2.5亿年前
	二叠纪	
古生代	石炭纪	
	泥盆纪	
	志留纪	
	奥陶纪	
	寒武纪	
前寒武纪		

远古时代的地层是由沉积岩组成的坚硬地层。沙子和泥土经由风和水的搬运，经过长年累月的堆积和硬化，就变成了沉积岩。

顺便一提，砂岩和泥岩都是沉积岩的一种。

那么，化石所在的沉积岩地层就在这下面吗？

嗯，没错。

这么深，我们要怎么挖啊？

又不是鼹鼠！

不用担心。随着地壳的挤压，地层会被推高，形成山脉，沉积岩也会因为风化作用而显露出来。

风化

地壳运动的压力

那我们就去沉积岩外露的地方采集化石吧！

难道丸山先生是故意把我们带到这里来的？

你现在才发现啊！

啊——太过分了！

那里有菊石的化石吗？

当然有了。

那里有白垩纪时期的地层。岂止是菊石，就连恐龙的化石都可能找到。

您又开始吹牛了。

这儿可不是美国西部或戈壁沙漠。

日本应该没有恐龙化石吧。

才不是！

目前为止，人们在日本各地都发现过恐龙的化石。

不信你们看！

在日本出土的部分恐龙化石

深色的地区都出土过恐龙化石（包括恐龙蛋和恐龙足迹的化石）。

原来这么多地方都发现过恐龙化石啊！

滨镰龙
（北海道中川郡中川町）

神威龙
（北海道勇拂郡鹉川町）

茂师龙
（岩手县下闭伊郡岩泉町）

加贺龙
（石川县白山市）

广野龙
（福岛县双叶郡广野町）

奇艺福井猎龙
福井盗龙
福井巨龙
福井龙
（福井县胜山市）

久野滨龙
（福岛县磐城市）

暴龙科恐龙
（长崎县长崎市）

山中龙
（群马县多野郡神流町）

鸟羽龙
（三重县鸟羽市）

大和龙
（兵库县洲本市）

丹波龙
（兵库县丹波市）

御船龙
（熊本县上益城郡御船町）

这些还只是一小部分罢了。

接下来就要靠步行啦。

出发！去寻找恐龙化石！

你不是想找菊石化石吗？

目标要定高一点儿！

其实观察一下出土的化石就会发现，

在日本，比起陆地上的恐龙，生活在海里的蛇颈龙和鱼龙的化石更多。

蛇颈龙和鱼龙不是恐龙吗？

它们和恐龙一样是爬行动物，但并不是恐龙。

鱼龙类

鱼龙

（三叠纪末期—侏罗纪前期）

全长约2米，虽然外形很像鱼，但不是鱼类，而是爬行动物。它们像鲨鱼和海豚一样能在水中快速游动，以鱼为食。

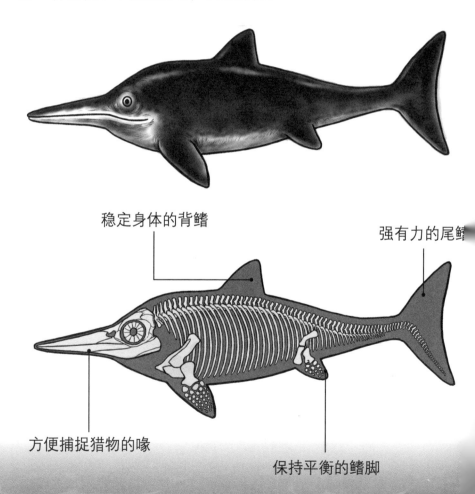

稳定身体的背鳍

强有力的尾鳍

方便捕捉猎物的喙

保持平衡的鳍脚

蛇颈龙类

薄片龙

（白垩纪后期）

全长约14米，脖子长度
约占全身长度的一半。

蛇颈龙

（侏罗纪前期）

全长约3.5米，擅长游泳。

嗯，算是恐龙的亲戚吧。

好！不找恐龙化石了，找蛇颈龙的化石吧！

你这家伙，怎么老是变来变去？

目标还是要现实点儿！

如果裕树能找到蛇颈龙化石，那就是第二个铃木直了。

铃木直？我姓若松啊。

哈哈哈，听我慢慢道来。

这个难道
是……

凿凿凿

果然！这是
鲨鱼牙齿的
化石!!

感觉有戏！继续！

咦？这是……树木的化石吗？

唔，再挖一挖看看吧。

这、这是?!

?!

是骨头！是脊柱的化石！！

怎、怎么办啊，这可比菊石厉害多了！

靠我一个人，肯定挖不出来的！

铃木立刻给国立科学博物馆的小畠郁生老师写了一封信，说明了情况。

我的天！

这上面说，地层里的脊柱还有大约1.5米长！

长谷川，这说不定是个大发现啊。

我们必须到现场去看一下！

日立号

铃木同学在哪儿呢？

平

内乡　草野

37

小畠老师!!

啊，他在那儿呢。

这么远，还麻烦您专门跑一趟。

不麻烦，我还要感谢你的来信呢。

这是我的同事长谷川。

你好啊。

您好，我是铃木直。

客气的话不多说了，带我们去看看那块骨骼化石吧？

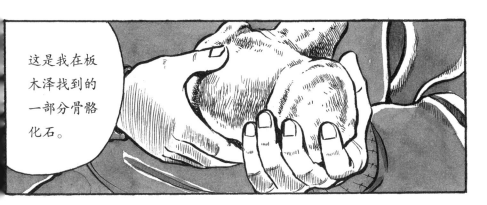

这是我在板木泽找到的一部分骨骼化石。

嗯，看上去确实是脊柱的化石。

没错，而且是爬行动物的脊柱。

你说附近还有鲨鱼的牙齿？这恐怕是生活在海洋中的某种爬行动物。

什么？

这么说的话，不是蛇颈龙就是鱼龙了……但从这块化石的大小来看……

我认为，蛇颈龙的可能性更大啊。

蛇……蛇颈龙!!

原来如此，铃木直发现了蛇颈龙的化石!

快看这个！

有什么发现？

这大概是头骨吧？

嗯，说不定能找到整具骨架化石。

第二天，他们又发现了一块形似股骨（大腿骨）的化石。

第二年
（1969年2月）

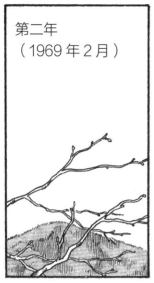

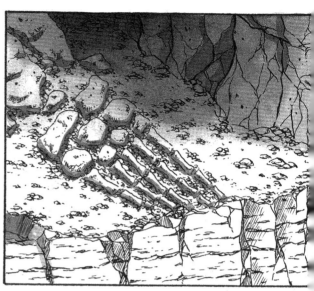

虽然不算完整，但这应该就是鳍脚部位的骨头……

铃木把那块骨头的照片和素描寄给了身在东京的小畠老师。

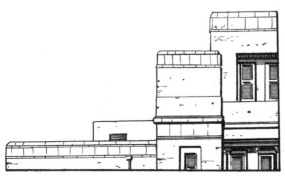

▲ 鱼龙的鳍脚是在游泳时保持平衡的。部分品种鳍脚的脚趾超过 5 根。

▼ 蛇颈龙的鳍脚是用来在水中游动的，就像人在浮潜时用的脚蹼那样，上下摆动。

小畠和长谷川再次来到了发掘现场。

哪里，哪里。

辛苦你了，一个人做了这么多。

铃木同学，你来看这个。

这部分可能是骨盆。

从它被埋的方式来看，这只蛇颈龙死去时应该是腹部朝上的。

就像这样。

从骨头的大小来看，它全长在 8 米左右。

为了进一步研究，还是连着周围的岩石一起带走吧。

好想早点儿见到完整的骨架啊！

在当地石匠的帮助下，鳍脚骨、头骨、盆骨化石连着周围的岩石被一起挖出来，运到了国立科学博物馆。

后来，这只蛇颈龙被证实为一个新品种，以发现地的地层名双叶层和发现者铃木的名字来命名，叫作双叶铃木龙。

双叶铃木龙！

双叶铃木龙（白垩纪后期）

学名：双叶铃木龙

全长：约8米

生活在海里的爬行动物。头小脖子长，是薄片龙的同类。

42

双叶铃木龙的眼睛和鼻子的位置及骨头的形状与薄片龙不一样，于是在2006年，双叶铃木龙被认定为新物种。丸山先生提到的双叶层，更详细地说是双叶层群玉山层，是约8500万年前形成的地层。

真好，能用自己的姓给恐龙命名……

裕树，你要是发现了新的恐龙化石，那就叫双叶若松龙啦！

那这样岂不是分不出我和我姐？

有什么不好？

还是叫双叶裕树龙比较好！

来，快吃快吃！

啊呜呜呜

双叶裕树龙登场!!

那剩下的骨头就一直留在岩体里了吗？

不不不，那之后发掘工作才正式开始。

其实，当时双叶铃木龙的骨骼化石还有一半留在原处。

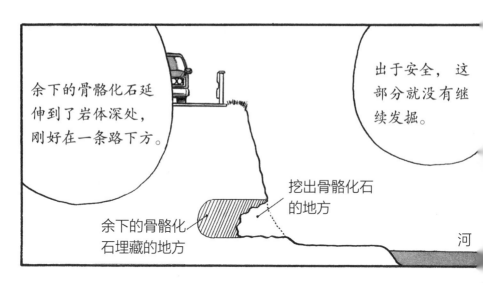

余下的骨骼化石延伸到了岩体深处，刚好在一条路下方。

出于安全，这部分就没有继续发掘。

挖出骨骼化石的地方

余下的骨骼化石埋藏的地方

河

如果想在道路下方继续发掘，需要大量人力物力，也就是资金支持。

那我把我的小金库贡献出来！

你有多少钱？

325元。

不过在小畠和长谷川的努力下，他们总算筹到了钱，终于能继续发掘了。

45

此前出土的只是蛇颈龙身体的一部分，而这次人们发掘出了从脊柱到胸骨、前肢的部分。

这下终于能看到它的全貌了！

很遗憾，还差脖子部分的骨头。

啊？脖子哪儿去了？

右前肢

左前肢

骨盆

头

右后肢

大久川

左后肢

脖子部分正好位于河水流经的地方，经年累月，被水冲没了。

那就不是蛇颈龙，是无颈龙了吧！

没脖子，岂不是海龟？

咦？有点儿奇怪啊。

怎么了，山口老师？

我有一点想不通。

之前说蛇颈龙是生活在海里的，对吧？

那为什么它的化石会在河边的山上被发现呢？

原来是这个问题啊，这是因为……

丸山先生！

怎么了？

远古的谜团出现了。

这个时候，该轮到化石侦探出场了吧？

说的也是，那么咱们还是——

请、请问，化石侦探是什么？

就是通过化石，解开远古世界谜团的侦探。

哇！听起来好有趣！

好，解开远古的谜团吧！

山口老师，这套衣服非常适合你！

多谢夸奖……

怎么了，丸山先生？

抱、抱歉，我们开始吧！

丸山先生，您能不能快一点儿？

为什么住在海里的蛇颈龙的化石却埋藏在山中？

化石侦探要如何解开这个谜团？

嘿嘿，请听我的推理。

这次我对自己的结论非常有信心！

解开这个谜团的线索，就是化石被发现的位置！

还挺像样的嘛。

我们都知道，河水最后会汇入海中。所以，大海和河流是相连的。

海里的蛇颈龙如果像鲑鱼那样逆流而上，它的化石出现在山上也不奇怪吧？

你还是那么单纯啊。

真是大胆的推理啊。

但如果是这样，蛇颈龙化石附近找到的鲨鱼牙齿化石就无法解释了。

鲨鱼总不会逆流而上吧？

……

不会吗？鲨鱼和鲑鱼都是鱼啊。

当然不会。而且，发现蛇颈龙的双叶层里还有很多菊石化石。

这么说来，菊石也是住在海里的……

难道菊石也会逆流而上？

啊？

菊石的情况也类似。明明是远古时期的海洋生物，但化石却埋在各地的山区。

山口老师，您有什么见解？

蛇颈龙化石的附近还有鲨鱼牙齿和菊石的化石，说明这个地方确实曾经是海洋……

没错，然后呢？

然后……

曾经是大海的地方，现在却变成了山脉……

晕！

这是为什么呢？

啊！我想起来了。

之前聊地层的时候我们说过，因为地壳运动，远古的地层会上升。

所以，曾经是海底的地层也因为地壳运动上升了，那海洋生物的化石出现在山上也不奇怪了！

哇，我竟然推理出来了！

回答正确。您太厉害了！！

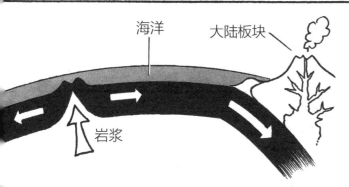

海洋　　大陆板块

岩浆

地壳运动产生的能量极其巨大，甚至足以让大陆板块移动。

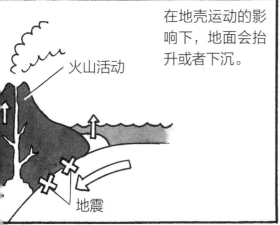

火山活动

地震

在地壳运动的影响下，地面会抬升或者下沉。

铠——

很多高山就是因地壳运动而形成的。

蛇颈龙化石所在的双叶层形成于中生代白垩纪，也就是8500万年前。这一地层中还出土了菊石和贝类的化石，所以我们知道当时那附近应该是一片浅海。

总之，经历了漫长的岁月，8500万年前的浅海在地壳运动的作用下已经完全变成了陆地。

海底的沙子胶结成了砂岩，海底的蛇颈龙遗骸也变成了化石，直到被人们发现，重见天日。

示意图

大陆

海洋

8500万年前的日本列岛

双叶铃木龙化石所在的福岛县磐城市周边，当时是离岸边很近的一片浅海。

那我再给你单独出一道谜题，怎么样？

极好！

人们在双叶铃木龙化石附近发现了鲨鱼的牙齿化石，对吧？

那么，这些牙齿为什么会出现在那里呢？

嗯……鲨鱼的牙齿嘛……

或许是鲨鱼咬了双叶铃木龙一口。

没错，就是这样！

……

真的!!

真的啊……

双叶铃木龙附近出土了80多块鲨鱼牙齿化石，

尤其是在两个前肢和两个后肢旁边，数量格外多。

还有一块牙齿化石，甚至嵌在双叶铃木龙的骨头里呢。

嗯？牙齿嵌在骨头里……

哼，我真厉害！

所以，它可能是遭到了一群鲨鱼的围攻，才不幸死亡的。

 鲨鱼的牙齿嵌在双叶铃木龙右前肢。这只双叶铃木龙可能是在活着的时候遭到了鲨鱼的攻击，也可能是死去之后被鲨鱼发现的。

可是，明明有这么多鲨鱼的牙齿化石，那鲨鱼的骨头上哪儿去了？

啊，确实很奇怪。

哈哈哈，原因很简单。

鲨鱼的牙齿咬住猎物后就会脱落，之后会再长出新的牙齿。原来的牙齿就留在猎物身上了。

咬！

啊……

噢，所以才只留下了牙齿啊。

所以，姐姐就是瞎猫碰上死耗子嘛！

不管，反正我的推理是正确的！

哎呀……

明明就是瞎猜！

不是！是推理！

化石虽然不会说话，却能告诉我们很多事情呢。

真是好浪漫啊。

是的。表面平平无奇的一块石头中，却蕴藏着几千万年前的历史。

嗯？

咦？啊……

要不要和我一起去看看那神秘的远古世界？

大约在 8500 万年前，日本列岛和大陆还连在一起。如今的磐城地区就位于亚洲大陆的东端，毗邻一片浅海。

海中有一只蛇颈龙，它正朝着海湾缓缓游去。

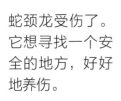
蛇颈龙受伤了。它想寻找一个安全的地方，好好地养伤。

然而……

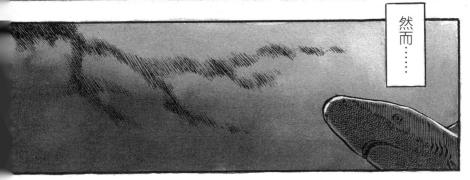

伤口散发出的血腥味，引来了一群饥饿的鲨鱼。

一场漫长而残酷的战斗吹响了号角。

蛇颈龙摆动着长长的脖子，拼命地抵抗鲨鱼的撕咬。

但是，用肺呼吸的蛇颈龙和用鳃呼吸的鲨鱼不同，

蛇颈龙无法长时间待在水里，必须浮上水面换气。

鲨鱼们抓住了这个机会，不断撕咬蛇颈龙的鳍和尾巴。

蛇颈龙坚持战斗，直到用尽了最后一丝力气。

战斗结束了。

海面复归平静，只剩下无尽的海浪声在黑暗的海滩上回荡，仿佛在感叹蛇颈龙的不幸……

怎么了，裕树？

这……山口老师，您劝劝他吧。

蛇颈龙孤军奋战，最后输给了鲨鱼，好可怜。呜呜……

鲨鱼都是大坏蛋!!

……

化石猎人
档案

①

是骨头！是脊柱的化石！！

怎么办啊，这比菊石厉害多了！

靠我一个人，肯定挖不出来！

▲ 多年的坚持调查促成了后来的大发现！

与化石结缘

初二的时候，铃木从旧书店买到的书里得知"奶奶家附近有一片地层，出土过很多化石"后，立刻着手去调查。也就是说，早在发现蛇颈龙的三年前，铃木就已经开始尝试自己发掘化石了。

✦ ✦ ✦ ✦ ✦ ✦ ✦

上高中以后，铃木开始阅读专业图书和论文，进一步学习有关古生物学和地质学的知识，甚至有勇气写信给素不相识的小畠郁生老师，报告自己的调查结果。

✦ ✦ ✦ ✦ ✦ ✦ ✦

重大发现的背后

"我们一起研究一下吧。"收到小畠老师的回信，铃木又惊又喜。之后，他又给小畠老师展示了自己找到的化石。在与专家的交流中，铃木对古生物学的兴趣日益高涨。终于，他在读初中时就常去的发掘地发现了双叶铃木龙化石。

铃木发现双叶铃木龙绝不是靠运气，而是通过坚持不懈地调查和学习，才有了这样重大的发现。

铃木直 发现了双叶铃木龙的高中生

铃木直的榜样与恩师

小畠郁生

小畠郁生

1929年生于福冈县。曾任日本国立科学博物馆地学研究部部长等职，于2015年去世。

小畠郁生是一位专门研究菊石等古生物的学者。收到高中生铃木直的来信后，他爽快地回了信，并决定前往现场调查。小畠还撰写了许多与恐龙相关的图书，当今活跃在古生物界的很多学者都是读着他的著作长大的。

长谷川善和

长谷川善和

1930年生于长野县。曾任群马县自然历史博物馆名誉馆长等职。

长谷川善和是小畠郁生的同事，二人同为国立科学博物馆的员工。他对新生代的哺乳动物颇有研究，因此在蛇颈龙化石研究上为小畠提出了建议，并参与了调查。在随后的发掘和研究工作中，长谷川也发挥了重要的作用。

那之后，佐藤环博士也加入了蛇颈龙化石的研究。2006年，双叶铃木龙因与薄片龙明显不同，被正式认定为新物种。

研究就是这样一代一代地传承下去的！

2. 索齿兽之谜

问题：
哪个才是
索齿兽呢？

裕树！古生物历经几万年甚至几亿年的时光，好不容易才变成了化石……

而你却把它们说得好像路边的石头……

没错!!

……

如果想省事省心，那像智和同学一样去商场买就行了！

正是因为不想那样，我们才来这里的，对吧？

嗯！

是啊！

不愧是老师啊。

好!

我绝对不会和智和一样!我要挖出厉害的化石!

就要有这样的决心!

就算是珠穆朗玛峰,我也要爬上去!

事不宜迟,让我们进入正题吧!

咦?

咔嚓!

前方就是……

沙沙

化石采集地！

古生物的化石，就埋在这里……

突然觉得好兴奋啊。

嗯？等一下。

怎么了，裕树？

拿出

敲敲

化石应该埋在坚硬的沉积岩地层里……

的确是远古时代的地层！

是硬的！！

这一带因为地壳运动，中新世时代的沉积岩裸露出来，

所以这附近才到处都是大岩石。

来比比看谁先找到化石吧！

好，比赛开始！

原来是这样啊！

你们俩冷静一点儿，注意安全！

好！

裕树，你
不饿吗？

找不到化石，
我就不吃饭。

凿凿

可可

当当

好吧，我
也再挖一
会儿……

咕噜噜……

找到化石之
前，我绝不
……

累倒

可肚子
真的好
饿……

好，差不多该吃午饭了！

嗯，我也饿了。

我开动啦！

看样子是饿了。

大口 嚼

丸山先生，吃便当吗？

不用啦，我买了……

我忘买午饭了！啊啊啊啊!!

哇，饭团里有三文鱼。

我的是鳕鱼饭团！

啊，好绝望……

丸山先生……

嗯？

不嫌弃的话，可以尝尝我的便当。

……

这是我自己做的，不知道好不好吃。

太幸福了!!

那我就不客气了!

好吃!好吃!

吃相真差!

这个人真的是古生物学者吗?

我最喜欢吃饭团了!

好吃。

我有点儿担心到底能不能找到化石了。

恐龙化石就像镜中花、水中月。

恐龙化石的确很难找。

鼓捣

但说不定能找到海苔卷怪兽的化石！

嗷！

开什么玩笑！

噗！

不是开玩笑，

海苔卷怪兽就是索齿兽！

83

索齿兽!!

这是一种生活在距今约 1500 万年前的珍稀哺乳动物。

为什么叫它海苔卷怪兽？

这就要从一颗牙齿开始说起了。

嘻嘻。

1872 年，美国耶鲁大学的古生物学家马什收到了一些来自加利福尼亚的牙齿化石。

这些牙齿化石形状很奇怪，前所未见。

马什教授，这究竟是什么动物的牙齿？

只有牙齿，没有头骨，很难判断啊。

马什教授沉吟良久，暂且根据牙冠的柱形构造，为这个神秘的动物起名为 *Desmostylus*（意为"成堆的圆柱"），也就是索齿兽。

不久，人们在俄勒冈州和加利福尼亚州等美国西海岸沿线地区，陆续发现了类似的牙齿化石。

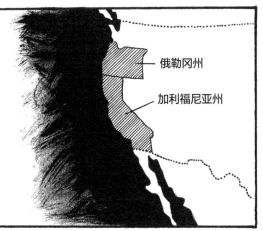

俄勒冈州

加利福尼亚州

马什教授是发现了异特龙、三角龙等恐龙化石的知名古生物学家。《化石侦探.1：神秘的恐龙墓地》中提到过他，你有兴趣的话可以回顾一下。

这些牙齿化石都是在新生代新近纪的中新世……也就是距今约1500万年前靠近大海的地层里发现的。

科学家由此推测，索齿兽大概像今天的儒艮、海牛那样，是一种生活在水中的海牛目动物。

儒艮

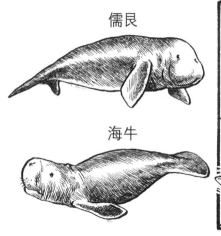

海牛

那和海苔卷有什么关系啊？

就是！就是！

哎呀，不要着急嘛。

后来，人们终于发现了索齿兽的头骨化石，

是在离美国很远的日本发现的。

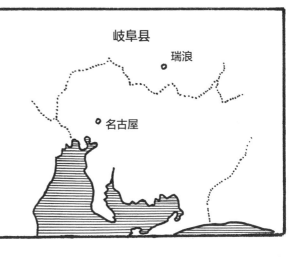

1898年，日本岐阜县土岐郡明世村（现在的瑞浪市明世町）出土了一块动物头骨化石。

嗯？这样的头骨化石之前从来没见过……

这块化石被送到京都第三高等学校的地质学家岩崎重三教授手中。

这、这是！！

岩崎教授决定和古生物学家吉原重康博士一起研究这块头骨化石。

嗯，牙齿的形状……

果然，你也这么觉得……

从牙齿形状上看，这很像马什教授命名的生物。

不错，就是索齿兽。

这些牙齿看起来好像海苔卷啊。

没想到头骨化石竟然会在日本被发现。

吉原和岩崎于1902年公开了这块化石，之后又将这块化石作为索齿兽的头骨进行研究，又发表了相关论文。吉原博士又名德永重康，当时的他还只是一名年轻的研究员。

哈哈哈，真的很像卷了萝卜干的海苔卷。

是吗？我觉得更像卷了黄瓜条的海苔卷。

……

是黄瓜条海苔卷！

不对，是萝卜干海苔卷！

啊哈哈哈哈……

哇哈哈哈哈……

于是，索齿兽就有了"海苔卷怪兽"这个绰号。

原来是因为它的牙齿的形状很像海苔卷，所以它才叫作海苔卷怪兽啊。

是的！

同一种动物的化石既出现在美国，又出现在日本，真是奇妙啊。

是啊。不过，索齿兽头骨和牙齿的化石都是在中新世的地层中发现的。

所以，索齿兽一定生活在距今大约1500万年前的中新世，对吧？

不愧是山口老师，您说得很对！

找到了头骨，就能知道索齿兽是什么样的动物了吧？

其实，科学家的意见并不统一。

始祖象
古近纪

身高：约60厘米

体长：约2米

化石领域的专家、美国著名古生物学家奥斯本博士认为索齿兽的头骨和大象祖先的很相似，比如出现在古近纪的始祖象。

大象的祖先？可索齿兽鼻子不长呀。

科学家研究了始祖象骨骼和牙齿的化石，发现它和大象是最接近的。

这样啊，那索齿兽是大象的祖先吗？

《化石侦探.2：寻找恐龙蛋》中介绍了奥斯本博士的相关信息。吉原、岩崎和奥斯本经常通信，互相交流。

不，这只是其中一种推测。

美国古生物学家辛普森博士则认为，索齿兽像儒艮和海牛那样，在海里游泳，在海中生活。

索齿兽到底是大象的祖先还是儒艮的同类啊?!

你们俩真是性急啊……

所以，人们还是不清楚索齿兽的真面目吗?

有段时间是的！

有段时间?

1933年7月，一个姓工藤的男人来到了位于北海道札幌市的北海道大学理学部。

您好，找我什么事？

我有件东西，想请您看一下……

长尾巧教授

哦？是什么东西？

就是这个。

啊！！

吱呀

这不是索齿兽的头骨吗?!

这个东西，你是在哪里发现的?!

是在我工作的桦太[1]的气屯地区找到的。

桦太……

---

1 现俄罗斯的萨哈林岛（库页岛）。历史上日俄两国围绕此岛存在主权争端，日本称之为桦太。气即为现在的斯米尔内霍夫斯基区。——译者注

94 如图所示，工藤先生拿过来的索齿兽头骨上残存着一些后槽牙，嘴的前半部分缺失，颌骨也只剩一些残块。

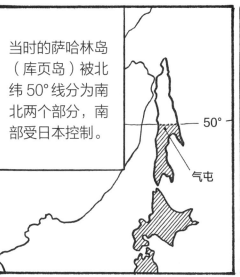

当时的萨哈林岛（库页岛）被北纬50°线分为南北两个部分，南部受日本控制。

50°

气屯

我在造纸厂工作，负责利用河流运送从山上砍伐的木材。

为了防止木材漂走，我们会拦住河水。我就是在干涸的河床上偶然发现这块化石的。

说不定能找到索齿兽全部的骨骼化石……

……

哈哈哈……

这可真是个大发现！

1933年10月，萨哈林岛斯米尔内霍夫斯基河上游20千米左右的河岸边……

这里的石头似乎都来自新近纪的中新世。

没错，这正是索齿兽生活的年代！

得想办法找到头骨以外的索齿兽骨骼化石！

但之后的三天，无论他们多么努力，仍旧一无所获。

唉……好冷啊。

这一带就要入冬了啊。

没办法。今天要是再没有收获，就只能暂时停止了。

嗯？那个黑色的东西……

骨……骨头！

是骨骼化石!!

啊?!

我找到骨骼化石了！

在那块石头的表面能看到肋骨和肩胛骨，还有类似前肢的骨头。

除此之外，人们还发现了另一块同样埋着骨骼化石的大石头。

终于揭开索齿兽的神秘面纱了！

不不不，没那么快。

找到的化石要送到研究室，进行清修。

啊？化石也要修身养性吗？

清修是指去掉包裹着化石的石头和沙土，

把骨骼化石完好无损地取出来。

经过细致的清修工作，人们将岩石中的化石一块一块地取了出来。

现在总能揭开索齿兽的神秘面纱了吧！

揭开了一点儿。

至少，从腿骨的构造上，我们知道了索齿兽不是儒艮或者海牛。

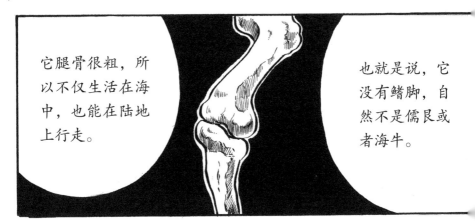

它腿骨很粗，所以不仅生活在海中，也能在陆地上行走。

也就是说，它没有鳍脚，自然不是儒艮或者海牛。

这么说，它是大象的同类？

也不能这么简单地对应。

它健壮的骨骼和貘、犀牛还有河马的很像，它们后足的形状也很相近。

貘

犀牛

到底是哪个啊？

不知道，事情变得更复杂了。

人们还发现了9块平整的骨板化石，它们大小不一，不知道是哪里的骨头。

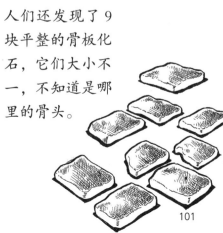

不论是貘还是犀牛，身上都没有这种骨头。

骨头有各种作用，那么骨板的作用呢？

现在还不清楚？

嗯，专家还在研究。

不是大象、貘、犀牛，也不是儒艮、海牛……

索齿兽到底是什么动物啊？

为了弄清楚，长尾教授想把这个神秘的动物——索齿兽的骨架还原出来。

这些平整的骨板到底是长在哪里的？

拼装骨架时，曾在札幌制作过剥制标本的信田修治郎在旁协助。

信田先生，它的脚不应该是这样的吧？

是吗？我觉得就该是这样的。

103

你是古生物学领域的外行，这么想无可厚非！

论动物剥制，我经验更丰富！

太不知天高地厚了！

您才是太固执了！！

又开始了……

大概是因为谁都没有拼装过这种动物，所以意见无法统一。

大家不断克服困难，终于在4个月后——

104

世界上第一具索齿兽骨架化石拼装完成。

教授！

信田！

谢谢你，信田。

啊……

多亏了你。

105

亲手发掘出化石，又亲手拼装出骨架……能有这样重大的研究成果，长尾教授一定非常欣慰吧！

热泪盈眶

丸山博士！！

裕树同学！！

快点儿告诉我们索齿兽的真面目吧！

……

长尾教授参考河马的骨架，才拼出了索齿兽的骨架。

河马？

哦，原来是河马啊！

但在当时的学界，人们更相信索齿兽与儒艮类似。

到底是哪个啊?!

总之，索齿兽跟现存的动物都不太一样。

索齿兽（中新世前期—中期）

体长：2.5米

因为骨头中间像海绵那样存在空隙，所以它们身体很轻，擅长游泳，吃海藻和海底的无脊椎动物。

上图是根据长尾教授和信田先生组装的骨架画出的示意图。

索齿兽的全身骨架后来又被好多研究者复原过，每次复原出的外形都不一样。最新的研究结果会在本册第132~133页向大家介绍。

107

索齿兽也像恐龙和猛犸象那样，是已经完全消失在地球上的动物之一。

说到远古时代的动物，原来并不只有恐龙和猛犸象啊。

好！

我猜你要说"我这就去找索齿兽的化石"。

……

你整天说这种话。

不行吗？目标就是要远大一点儿！

吹牛，明明连菊石都找不到！

你也没有收获啊，还说我！

好了好了，你们不要吵了。

找不到化石，还不是都怪您嘛！

带我们来这种破地方，连菊石都没有！

不要推卸责任。

你们俩听好，第一次打棒球就想打出本垒打是不可能的，对吧？寻找化石也是一样，不能急功近利。

就连铃木直，不也是从小就坚持不懈地采集化石，经过不断的努力才发现了双叶铃木龙的化石吗？

好像是这样的……

不仅是铃木直，东充彦也是从中学就开始采集化石，所以才能发现索齿兽同类的骨骼化石，震惊了学界。

索齿兽的同类!!

东充彦是谁?

东充彦和铃木直一样，都从小痴迷寻找化石。

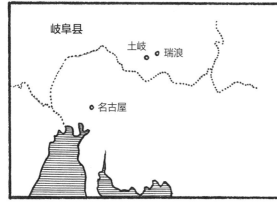

岐阜县

土岐 瑞浪

名古屋

东充彦来自岐阜县的土岐郡泉町（即现在的土岐市）。这个地方离瑞浪市非常近，而瑞浪市在日本明治时代（1868—1912）就出土过索齿兽同类的头骨化石。

安琪马（马科）

小型马，有3根脚趾。

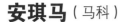

土岐和瑞浪地形特殊，处处可见裸露在外的中新世前期至中期的瑞浪层群地层，人们在这里发现过各种已灭绝的远古动物的化石。

矮脚犀（犀总科）

头顶没有角。

嵌齿象（大象的祖先）

脚到肩膀的高度约为3米，下门齿很长。

111

不好意思，打扰了！

1950年9月的某天，来自名古屋市的中学老师——户松滋正突然出现在东充彦同学的家门前。他也是一位化石爱好者。

您是？

我是来这里寻找化石的，偶然听当地人说充彦同学发现了许多化石。

能否让我看看那些化石呢？

真了不起，竟然收集了这么多。

我从初中就开始寻找化石了。

大家都说我这爱好很奇怪。

哈哈哈，我也一样。

这块骨板你是在哪里找到的？

啊，那是我在隐居山找到的。我经常去那儿采集化石。

具体地点你还记得吗？

113

我记得是在这附近……

嗯？

怎么了？

这块黑色的东西好像是化石。

我看看。

挖出来看看吧！

确实，这是动物的骨头，似乎是肋骨！

喔—
喔—

这会是什么动物的骨头呢？

骨头很长，一直延伸到岩体深处……

凿

看地层，这附近曾经是海洋，所以我猜这是鲸鱼之类的动物。

啊！

是脚骨！

鲸鱼好像没有脚……

唯
唯

再挖挖看吧。

啊，这是……下颌骨吗？

上面好像有什么东西。

嗯？这个是……

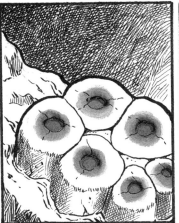

啊！

哇！

是索齿兽的同类！

什、什么？！

我们找到了超级珍稀的动物化石！

超级珍稀的动物……

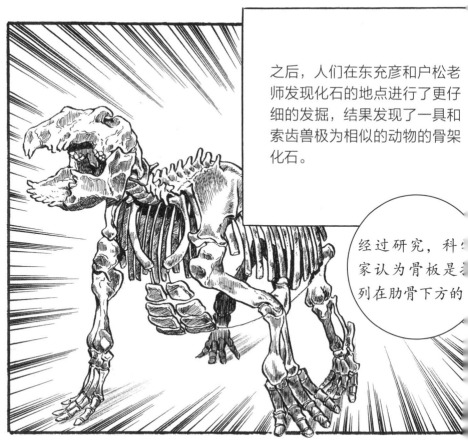

之后，人们在东充彦和户松老师发现化石的地点进行了更仔细的发掘，结果发现了一具和索齿兽极为相似的动物的骨架化石。

经过研究，科学家认为骨板是排列在肋骨下方的。

索齿兽

古异兽

清修之后，人们发现这个动物的牙齿形状比索齿兽的更原始，之后就把它单独分为一类，取名为古异兽。

古异兽？

索齿兽、古异兽……它们的名字都很拗口呢。

是的！

到了1964年，人们在美国也发现了古异兽同类的化石。

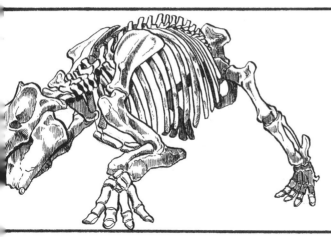

后来，在加利福尼亚州的斯坦福大学校园内，出土了古异兽同类的完整化石。

也就是说，索齿兽和古异兽应该分布在北半球的太平洋两岸。

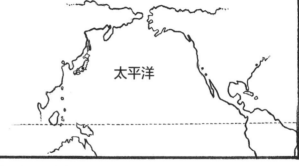

太平洋

贴士

1964年以后，世界各地陆续出土了许多古异兽同类的化石。最近的一次是2022年6月，人们在岐阜县瑞浪市釜户町发现了古异兽全身的骨骼化石！随着研究的持续开展，古异兽的谜团应该很快就能解开吧。

119

生活在海边的索齿兽，如今却在岐阜县的山里被发现……

是的！

和蛇颈龙的情况一样，在远古时代的海边！

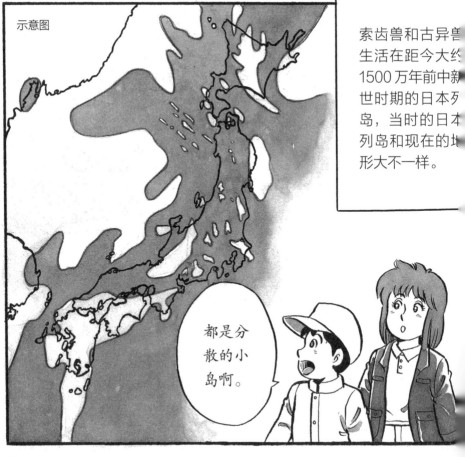

示意图

索齿兽和古异兽生活在距今大约1500万年前中新世时期的日本列岛，当时的日本列岛和现在的地形大不一样。

都是分散的小岛啊。

海水涌入当时的日本列岛，把陆地分割成了分散的岛屿。

气候温暖、植被茂密的森林里住着许多远古时期的哺乳动物，比如马、鹿、大象和犀牛等动物各自的祖先。

成群的鲸鱼在海中游弋……

海底同样是一片生机勃勃的景象。海藻繁茂，还有汇螺科动物以及海星、海胆和海葵。

索齿兽会为了吃海藻等食物而潜入海底……

它们有时也走上岸来，悠闲地生活。

 关于索齿兽的生活方式至今仍有争议。最新的研究结果会在本册第132~133页向大家介绍，记得看哟！

然而从700万年前开始，全球气候趋于寒冷。对习惯了温暖气候的动物来说，日子变得不好过了。

索齿兽也是在这个时期逐渐灭绝的。

原来索齿兽怕冷啊。

说不定它们还生活在某个地方……

如果能发现幸存的索齿兽，那可是世界级的大发现！

……

关于索齿兽灭绝的原因有很多种说法，也有人认为索齿兽是在与海牛目动物的竞争中败继而灭绝的。

好！我一定要找到活着的索齿兽！！

你怎么又开始了……

我们今天不是来找化石的吗？

没错，别忘了此行的目的！

开始吧！

裕树，你沿着地层的边缘敲敲看。

好！我这次一定要找到菊石！

第二天
早上

我家的菊石很厉害吧?

想看就随时跟我说!

嘻嘻嘻

呦!裕树,你怎么看起来无精打采的。

啊……是你啊。

126

我知道了，你肯定是因为没看到我的化石，才这么无精打采的。

没办法，是你自己说不想去看的！

咳……

不是的。

啊？

因为我只找到了一块这么小的化石！

哇——

这是中生代白垩纪时期的银杏化石。

可我明明是去找恐龙化石的……

太强了！这是你自己找到的吗？

让我看看，让我看看！

撞！

喂，我的化石更……

你的化石是从商场买来的！

啊……

上野
日本国立
科学博物馆

丸山，你昨天去采集化石有什么收获吗？

有啊……很多收获……

1. 复原日本龙

就在长尾发掘出索齿兽化石的第二年，萨哈林岛一家医院的建筑工地又出土了数块骨骼化石。长尾用这些化石拼装出了一种生物的全身骨架，遗憾的是唯独缺一块前脚的骨头。据说，有些人还因此嘲笑他。但是，长尾没有放弃，而是更加认真地清修和研究。最后，在他的努力下，这具化石骨架被认定为新种恐龙，他将这种恐龙命名为日本龙。

第二年，长尾率领团队拆毁部分医院建筑后进行发掘，总算找到了缺失的那块前脚骨。这具恐龙化石骨架至今仍保存在日本北海道大学里。

❀ ❀ ❀ ❀ ❀ ❀ ❀ ❀ ❀ ❀

2. 未竟之志……

长尾教授年仅52岁便去世了。他在自己的本业——地质学和贝类化石研究领域也留下了丰硕的研究成果，他的研究成果成为今人研究的基础。如今，不论是索齿兽还是日本龙，相关研究都还在继续，并且有了很多新发现。

长尾巧

复原了许多化石骨架的古生物学家

索齿兽的最新研究

至今仍谜团缠身的珍稀动物

不同的复原方式

漫画中，我们介绍了长尾和信田复原索齿兽骨架的过程。其实在那之后，还有许多古生物学家都尝试对索齿兽的骨架进行复原。

索齿兽已经灭绝，我们只能在现有线索的基础上想象它的样貌。随着研究的深入，线索越来越多，复原出的动物样貌自然也会发生变化。

根据最新研究成果复原出的索齿兽参见下页下方的图。它和长尾教授他们复原出来的有什么不同吗？

它们是怎样生活的呢？

随着古生物学家研究的不断深入，我们对索齿兽的生活方式更加了解。例如，最新研究发现，索齿兽以海底的海藻和无脊椎动物为食。看到它们坚固的牙齿，人们曾猜想它们可以"咬碎贝类"，但这个推测暂时还没有任何证据能够证明。

另外，索齿兽的骨骼具有海绵状结构，比陆地动物的骨骼轻。这也是生活在海洋中的动物共有的特征，因此人们认为"成年的索齿兽能在海洋中游很远"。

索齿兽
是什么样子的?

像河马那样吗?

右边是以1936年长尾和信田复
原的骨架为原型的生物想象图。
它长得像河马或牛,四条腿竖直向下。

像海象那样吗?

下图是根据最新研究成果画
出的索齿兽想象图。
它长着脚蹼,脚掌心向外,
更于划水。

索齿兽身上还有很多
未解之谜等待着大家
去发现呢!

变化这么大!
日新月异的恐龙研究

本书的日文原版出版于20世纪末。随着恐龙研究的不断深入，我们对恐龙的认识也不断得到更新。让我们对比之前的图书和现在的图书的内页，看看都有哪些变化吧。

第42页下面的图片

之前

双叶铃木龙（白垩纪后期）

全长8米
生活在白垩纪的海洋中，
是一种肉食性爬行动物，
以鱼类等为食。

由于头部很小，脖子很长，所以
科学家认为它是一种薄片龙。

现在

双叶铃木龙（白垩纪后期）

学名：双叶铃木龙
全长：约8米

生活在海里的爬行动物。
头小脖子长，是薄片龙的
同类。

现在的图片中，双叶铃木龙的脖子似乎变得更柔韧了。在这30多年间，人们发现双叶铃木龙与薄片龙有着根本的不同，所以将它单独作为一个新品种来研究。现在的它不再是某种薄片龙，而是隶属于薄片龙科的全新物种。

双叶铃木龙的眼睛和鼻子的位置及骨头的形状与薄片龙不一样。

其他古生物的画像是不是也有变化呢？

第91页中间的图片

之前	现在

始祖象
（古近纪始新世—渐新世）

身高：50~70厘米
体长：3米

化石领域的专家，美国著名古生物学家奥斯本博士认为，索齿兽的头骨和大象的祖先始祖象的很相似。

始祖象
古近纪

身高：约60厘米
体长：约2米

化石领域的专家、美国著名古生物学家奥斯本博士认为索齿兽的头骨和大象祖先的很相似，比如出现在古近纪的始祖象。

大象的祖先始祖象的样貌也有了一些变化，你看出区别了吗？人们想象中的古生物的样子会随着研究的进步不断发生变化和更新。

除了这些，书中还有很多文字和插图都经过了修订。这也说明，随着研究的深入，人们有了很多的新发现！

结　语

　　还记得当时我为了创作这本漫画书，专门去了一趟书中提到的化石发现地。我认为对创作来说，不管是图书馆还是博物馆，里面的资料都远远不够。为了更好地感受化石的魅力，我还特意准备了錾刀和锤子。走在通往目的地的山路上，我明知自己是外行，但还是忍不住兴奋地想："也许能发现厉害的古生物化石。"结果，只找到了一些小小的贝类化石。

　　就在我吃着便当，想着"这附近会有菊石化石吗？"的时候，我突然意识到——"这里，可是山里啊！"

　　有贝类化石，就证明这里曾经是海洋。当然，菊石也是生活在海里的生物。我只想着化石，却忘记这些化石曾经也是生物。它们生活的世界会是什么样的呢？想到这里，远古的那片汪洋大海仿佛就出现在我的眼前。

　　一块小小的贝类化石，竟藏着沧海桑田的变迁。那一瞬间，我这个纯外行也不由得发出了"化石真厉害"的感叹。

吉川丰

作绘者介绍

（日）高士与市

　　著名儿童文学作家，师从椋鸠十，擅长创作与古生物学、考古学有关的科普作品。作品《被埋藏的日本》获日本儿童文学作家协会奖，《龙之岛》获产经儿童出版文化奖、入选国际儿童读物联盟（IBBY）荣誉榜单，《天狗》获日本赤鸟文学奖。

（日）吉川丰

　　生于日本神奈川县。从中央大学毕业后曾在著名漫画家永井豪的工作室就职，现为自由漫画师。擅长创作科普漫画，主要作品有"世界奇妙物语"（全4册）、"神秘博物馆"（全7册）、"漫画人类历史"（全7册）等。

MANGA DENSETSU NO KASEKI HANTA - MABOROSHI NO KUBINAGARYU (revised edition)
by TAKASHI Yoichi (original story) & YOSHIKAWA Yutaka (illustration)
Supervised by KIMURA Yuri

Copyright © 2023 TAKASHI Taro & YOSHIKAWA Yutaka

All rights reserved.

Originally published in Japan by RIRON SHA CO., LTD., Tokyo.

Chinese (in simplified character only) translation rights arranged with , Japan

through THE SAKAI AGENCY and BARDON CHINESE CREATIVE AGENCY LIMITED.

Simplified Chinese translation copyright © 2025 by Beijing Science and Technology Publishing Co., Ltd.

著作权合同登记号　图字：01-2024-1119

审图号：GS 京（2024）1042 号

本书插图系原文插图。

学术协助：松井久美子（Kumiko Matsui）

图书在版编目（CIP）数据

化石侦探．3，传说中的蛇颈龙 / (日) 高士与市著；
(日) 吉川丰绘；王焱译． -- 北京：北京科学技术出版
社，2025. --ISBN 978-7-5714-4198-2

Ⅰ．Q91-49

中国国家版本馆 CIP 数据核字第 2024ZX3193 号

策划编辑：桂媛媛		**电　话**：0086-10-66135495（总编室）	
责任编辑：张　芳		0086-10-66113227（发行部）	
封面设计：锋尚设计		**网　址**：www.bkydw.cn	
图文制作：锋尚设计		**印　刷**：河北宝昌佳彩印刷有限公司	
责任印制：李　茗		**开　本**：880 mm × 1230 mm　1/32	
出 版 人：曾庆宇		**字　数**：56 千字	
出版发行：北京科学技术出版社		**印　张**：4.5	
社　　址：北京西直门南大街 16 号		**版　次**：2025 年 1 月第 1 版	
邮政编码：100035		**印　次**：2025 年 1 月第 1 次印刷	
ISBN 978-7-5714-4198-2			

定　　价：35.00 元